Wanyama wenye Uti wa Mgongo

Bartholomew A. Meena

E & D Vision Publishing

Dar es Salaam

E & D Vision Publishing Ltd

S.L.P. 4460

Dar es Salaam

Barua Pepe: info@edvisionpublishing.co.tz

Tovuti:www.edvisionpublishing.co.tz

Wanyama wenye Uti wa Mgongo

© Bartholomew Meena na E&D Vision Publishing, 2014

ISBN 978-9987-735-18-1

Toleo jipya la Wanyama na Wadudu, E&D Vision Publishing Limited, 2003

Limehaririwa upya na kuboreshwa na Elieshi Lema, 2014

Yaliyomo

Wanyama ni nini?

Wanyama ni viumbe hai. Wanajumuisha kundi kubwa la viumbe wadogo na wakubwa wenye miili iliyoundwa na seli. Makundi makuu ya wanyama ni mawili: wanyama wenye uti wa mgongo na wanyama wasio na uti wa mgongo.

Baadhi ya Wenyama wenye uti wa mgongo

Wanyama wenye uti wa mgongo wanajulikana kwa:

- Kuwa na vichwa
- Kuwa na na milango ya fahamu na ubongo
- Kuwa na uti wa mgongo
- Kuwa na mfumo wa mifupa
- Kuwa na mzunguko wa damu
- Kuwa na jinsi

Makundi ya wanyama wenye uti wa mgongo ni: Mamalia, Reptilia, Amfibia, Samaki na Ndege.

Baadhi ya wanyama wasio na uti wa mgongo

1 Mamalia

Mamalia wana sifa ambazo kila aina katika kundi hili wanazo. Hili ni kundi kubwa lenye wanyama wakubwa na wadogo. Kundi hili lina spishi au aina zaidi ya 4,000. Wanaishi katika mazingira na hali za hewa mbalimbali, nchi kavu na kwenye maji dunia nzima.

Sifa

1. Miili ya mamalia imefunikwa na nywele sehemu mbalimbali za miili yao, kama kichwani na kidevuni kama binadamu au ngozi yote ya mwili. Kwa wanyama wengine, nywele ni kama miiba mirefu, mfano, Nungunungu.

2. Mamalia wana matiti au viwele. Huzaa watoto, na hunyonyesha

3. Wana mfupa mkubwa wa taya ulioungana na fuvu la kichwa. Mfupa wa taya umeshika meno yanayosaidia kurarua na kutafuna chakula.

4. Wana meno yaliyopangwa katika mfumo maalum. Kwa binadamu, meno hung'oka na kuota tena. Haya huwa ya kudumu. Wanyama wengine hung'oka meno na kuota tena mara kadhaa.

5. Mamalia wana uti wa mgongo.

6. Mamalia wana damu yenye joto. Miili yao huweza kuratibu joto la damu mahali popote wanapoishi hata kama ni sehemu zenye barafu.

7. Wana moyo ambao husinyaa na kuachia kila mara kuwawezesha kupeleka damu, hewa na virutubisho sehemu zote za mwili.

8. Wana masikio yaliyotoka nje ambayo yana mfumo maalum ndani unaowezesha kupeleka taarifa kwenye ubongo ambapo zinatafsiriwa.

9. Wana kiwambotao ambacho hugawa mwili katika sehemu mbili; sehemu ya juu ina na moyo na mapafu na sehemu ya chini ina tumbo, figo, ini na utumbo.

Je, wewe una sifa hizi?

Baadhi ya mamalia, wanaoishi katika hali ya hewa ya joto na katika mazingira tunamoishi ni: Nungunungu, karunguyeye, tembo, pundamilia, swala, nyati, ng'ombe, binadamu, popo, panya, nyangumi, nyani, tumbili, kima na wengine wengi sana.

Karunguyeye

Mimi Karunguyeye natofautiana kidogo na Nungunungu. Mimi ni mdogo kuliko Nungunungu. Sote ni mamalia.

Miili yetu imefunikwa na miiba. Mwili wa Nungunungu una miiba mirefu. Miiba yangu ni midogomidogo. Tuna viwele kama mamalia wengine. Njia pekee ya kuwakwepa maadui ni kujiviringisha kama mpira wa miiba.

Nungunungu

Mimi Nungunungu hujilinda kwa msaada wa mishale mirefu katika mwili wangu. Damu yetu ni joto kama ilivyo kwa mamalia wengine.

Kuzaliana

Tunazaa watoto wachanga. Watoto wetu wanapozaliwa huwa hawana miiba kama tulivyo sisi wakubwa.

Tunanyonyesha watoto wetu. Baada ya majuma kadhaa, miili ya watoto wetu hufunikwa na miiba. Hapo huanza kujitafutia wadudu kama chakula chao.

Chakula

Chakula tunachokula ni tofauti. Nungunungu hula mizizi ya mimea, mihogo, viazi, majimbi na miwa.

Mimi Karunguyeye hula wadudu na wanyama wadogowadogo katika mazingira yangu. Pia tunakula wadudu kama panzi na nzige.

Panya

Sisi ni mamalia kama walivyo ng'ombe, kondoo au mbwa. Tunapenda sana kuishi karibu na binadamu kwa sababu ya kupata chakula kwa urahisi.

Masikio yetu yamejitokeza nje na miili yetu imefunikwa na nywele.

Binadamu amekuwa adui yetu kwa sababu tunakula mazao yao.

Kuzaliana

Tunazaa watoto. Tunawanyonyesha maziwa kutoka
kwenye viwele vyetu. Maziwa yana virutubisho vingi
na hujenga miili yao.

Chakula

Tunakula nafaka na vyakula vingine
vinavyopatikana katika makazi ya binadamu.

• Chunguza sehemu mbalimbali katika mazingira
kuona panya wanaishi wapi.

7

Binadamu

Sisi ni wanyama katika kundi la mamalia.

Halijoto ya miili yetu haibadilikibadiliki labda tuwe na ugonjwa au homa. Jotoridi yetu ni nyuzijoto 37 sentigredi (37° C) au 98.4 farenhaiti (98.4^o F).

Tunapozaliwa huwa hatuna meno. Meno huota tunavyokua. Meno ya awali hung'oka na kuota meno ya kudumu yapatayo 32. Mamalia wengine huzaliwa wakiwa na meno yao moja kwa moja.

Mifupa kwenye mwili wetu hutuwezesha kujimudu katika mambo yote. Misuli na minofu yote imeshikizwa kwenye mifupa. Ubongo umehifadhiwa kwenye fuvu. Sehemu laini kama moyo, ini, mapafu, kibofu na nyinginezo zinalindwa na mifupa.

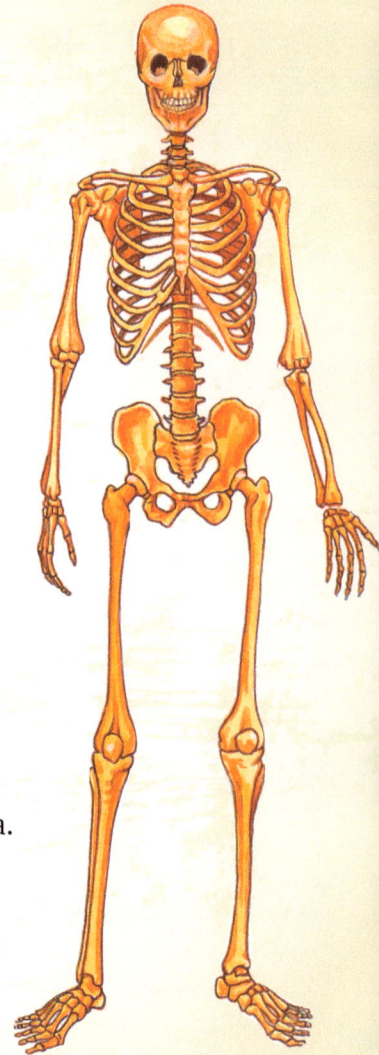

Chakula

Tunakula vyakula vingi vikiwemo nafaka, vyakula vya mizizi kama mihogo na viazi. Tunakula nyama za wanyama na ndege, wadudu, matunda na majani.

Kuzaliana

Sisi tunazaa watoto walio kamili kama mamalia wengine. Watoto wetu wanapozaliwa huwa hawajiwezi kama watoto wa mamalia wengine. Hukua taratibu, wakinyonya maziwa ya mama na kulishwa vyakula laini.

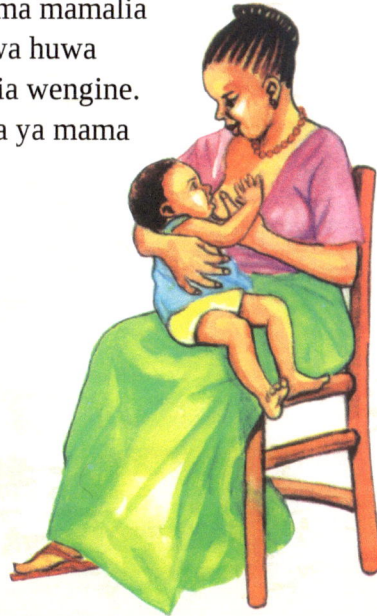

Cheza

Jaribu kuchora mwili wa binadamu bila mifupa.

9

Nyani

Sisi Tumbili, Sokwe, Kima na Nyani ni mamalia. Sisi ni jamii moja. Tunapendelea kuishi kwenye miti.

Viganja vya mikono yetu hufanana na vile vya binadamu. Nafasi kati ya dole gumba na vidole vingine ni kubwa. Nafasi hiyo hutusaidia kujishika katika matawi.

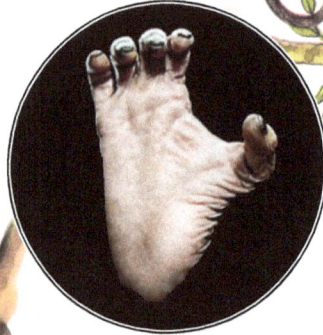

Mikia yetu Nyani, Tumbili na Kima ni mirefu. Hutuwezesha kupata msawazo wakati wa kuruka kwenye miti.

10

Kuzaliana

Tunazaa na kunyonyesha watoto wetu. Maziwa yetu ni chakula bora. Wakati wa kuruka juu ya miti, watoto wetu hufuatana nasi. Hujishika katika tumbo la mama. Wanahitaji ulinzi wetu na malezi bora. Kuandamana nao ni njia mojawapo ya malezi.

Chakula

Chakula tunachopendelea zaidi ni matunda, nafaka, hasa mahindi. Tunapoyaona mashamba ya binadamu, basi tunayavamia kupata chakula.

Tunapotembea katika kundi, kazi ya kupata chakula huwa rahisi. Tunaweka vijana wengi doria kuona kama binadamu yupo kabla hatujavamia mashamba na kuvuna.

Chunguza
Miguu ya nyani ina vidole vingapi kila kimoja?

Wanyama wala majani

Twiga, pundamilia, swala, nyati, ng'ombe na tembo ni baadhi ya wanyama wanaokula majani.

Miguu yetu hutofautiana sana na ile ya paka, simba na jamii ya wale wanaokula nyama. Miguu yetu sisi ina kwato. Hutuwezesha kutembea juu ya ardhi kwa urahisi.

Chakula

Sisi tunafahamika kwa jina **Hebivora**. Chakula chetu ni majani. Fizi zetu kwenye taya la juu hazina meno ya mbele ila Sungura ana meno mawili juu na chini. Ukituchunguza tunapokula, utaona jinsi tunavyokula majani mengi bila kuyatafuna.

Kuzaliana

Tunazaa watoto wanaofanana na sisi wazazi wao. Watoto hawa hukulia ndani ya mwili wa mzazi wa kike. Tunanyonyesha watoto tunaowazaa kwa maziwa yanayotoka kwenye viwele vyetu.

- Je, unafahamu wanyama wengine wanaokula mimea?
- Chunguza midomo ya pundamilia, swala, nyati, na ng'ombe uone kama ina meno ya mbele katika ufizi wa juu.

13

Wanyama wala nyama

Sisi hujulikana kama kundi la kanivora. Simba, chui, fisi, mbwa na paka ni wanyama wa jamii moja inayokula nyama. Miili yetu kama ilivyo ya mamalia wengine, imefunikwa na nywele.

Sisi wanyama wala nyama tuna miguu yenye kucha.

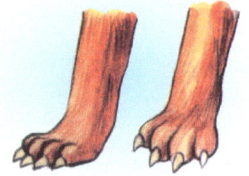

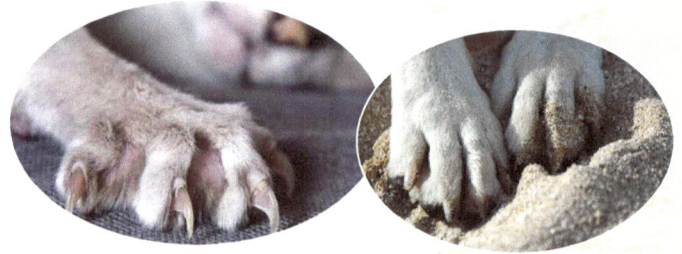

Sisi wala nyama tuna damu yenye joto.

Kuzaliana

Watoto wetu huzaliwa na tunawanyonyesha.

Chakula

Tunaitwa wala nyama kwa vile chakula chetu kikuu ni nyama. Meno yetu ni makali. Hutuwezesha kutafuna nyama. Sisi tunajua kuwinda kuliko wanyama wengine wote.

Unaweza kuandika hadithi ya mla nyama mmoja unayempenda?

Popo

Usiniite ndege, mimi ni mamalia. Jina langu ni popo. Tupo aina nyingi. Kuna wakubwa na wengine wadogo kufuatana na mazingira mbalimbali.

Naruka kama ndege. Wakati nimepumzika, naning'iniza kichwa chini, miguu juu. Miguu yangu ya mbele imebadilishwa kuwa mabawa ambayo nayatumia kwa kurukia.

Chakula

Chakula changu ni wadudu na matunda. Ukinichunguza vizuri, utaona kwamba mdomo wangu una meno mengi tu.

Kuzaliana

Mimi nazaa na kuwanyonyesha watoto wangu.

Je, unajua haya kuhusu Popo?

- Ni mamalia pekee aliye na uwezo wa kuruka.
- Wanajining'iniza chini juu, wanapo lala.
- Popo huweza kuishi miaka ishirini na zaidi.
- Wanalala mchana na kuruka usiku.
- Popo haoni vizuri. Hivyo hutumia mwangwi wa sauti zao kufahamu umbali wa mahali vitu vilipo.

Nyangumi

Mimi naitwa nyangumi. Sipendi kujisifu lakini ukweli mimi ni mamalia mkubwa kuliko wengine ndani ya maji. Maisha yangu yote huwa ndani ya maji baharini, na siyo kwenye maji ziwani.

Mwili wangu una tabaka nene la mafuta. Huniwezesha kuhifadhi jotoridi la mwili wangu.

Je, unajua haya kuhusu nyangumi?

- Moyo wa nyangumi una kilo 600.
- Mtoto wa nyangumi ana uzito wa kilo 2,700.
- Uzito wa nyangumi mkubwa unakadiriwa kuwa tani 200 hadi 300
- Chakula kikuu cha nyangumi ni dagaa kamba, ambapo nyangumi mkubwa hula dagaa kamba kilo 3,600kg.
- Nyangumi anaweza kuishi mpaka kufikia miaka 80.
- Nyangumi ndio mnyama mwenye sauti kubwa kuliko kitu chochote duniani.

Kuzaliana

Mimi nazaa watoto wangu.
Samaki wengine wengi hutaga mayai.

Chakula

Chakula changu ni samaki wadogo
na wakubwa, pamoja na mimea ya
ndani ya bahari.

Je, unaweza kutengeneza kifani
cha Nyangumi?

Jaribu.

2 Reptilia

Reptilia ni kundi la wanyama wa aina kadhaa. Wanajumuisha mijusi, nyoka, kobe, kasa na mamba. Miili ya Reptilia imefunkikwa na magamba. Hutaga mayai.

Sifa

1. Wana miguu minne isipokuwa nyoka.
2. Wana uti wa mgongo na mfumo wa mifupa
3. Wanataga mayai ardhini. Watoto huanguliwa wakiwa na umbo kamili.
4. Wana ngozi kavu iliyofunikwa na magamba. Magamba ya mamba na kobe ni migumu kama mifupa.
5. Wana damu baridi ambayo hubadilika kulingana na mazingira waliyomo.

Kinyonga

Mimi naitwa kinyonga. Tupo vinyonga wakubwa na wadogo. Wengine wana hata pembe.

Rangi za miili yetu hubadilika. Tunatumia ulimi kama nyenzo ya kutuwezesha kuwinda. Macho yetu yote mawili huzunguka pande zote, hivyo kutuwezesha kuona hata vitu vilivyo nyuma au upande. Tunajishikilia kwenye matawi ya miti kwa kutumia vidole vya miguu yetu.

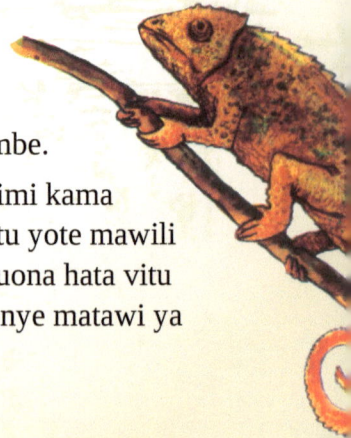

20

Kuzaliana

Sisi huzaliana kwa kutaga mayai.

Chakula

Sisi tunakula wadudu katika kila aina ya mazingira tunayokaa.

Chunguza kinyonga akiwinda

Je, hutumia vipi sehemu za mwili wake wakati anawinda?

Je, unajua Dinosaria ni reptilia?

- Ni wanyama wakubwa kuliko wote waliowahi kuishi duniani
- Waliishi duniani zaidi ya miaka milioni 250 iliyopita, kwa kipindi cha kama miaka milioni 135.
- Walitoweka kutoka uso wa dunia kama miaka milioni 65 iliyopita.
- Mabaki ya mifupa ya dinosaria iligunduliwa Lindi, sehemu inayoitwa Tendaguru.

Kasa na Kobe

Kasa

Kobe ni rafiki yangu, tunafanana. Miili yetu imefunikwa kwa gamba ngumu. Tunapotembea au kulala, tunabaki na gamba.

Tunapowaona maadui wetu tunaingiza kichwa na hata miguu yetu ndani ya gamba mara moja.

Mimi Kasa napendelea zaidi kukaa kwenye maji. Rafiki yangu Kobe hupendelea zaidi kukaa nchi kavu. Katika nchi kavu, kuna majani ambayo ni chakula chetu.

Kobe

Sehemu ya upande wa chini ya mwili wangu ni gamba gumu. Unavyoniona gamba langu ni kama nyumba. Hunihifadhi dhidi ya jua, mvua na maadui wangu.

22

Kuzaliana

Tunataga mayai na kuyahifadhi ardhini mpaka yanapoanguliwa. Watoto wetu huzaliwa wakiwa na umbo kamili.

Chakula

Chakula chetu ni majani laini.

Chunguza Kobe na mazingira anapoishi

Mchore Kobe katika mazingira yake.

Mamba

Mimi naitwa Mamba. Ni reptilia mkubwa. Urefu wangu unaweza kufikia hata meta nne. Mwili wangu umefunikwa na magamba.

Ninaishi ndani ya maji. Pia huonekana nchi kavu wakati ninapojipumzisha na ninapowinda.

Mkia wangu hunisaidia kuwinda. Nikiwa ndani ya maji huwa nina nguvu zaidi kwani naweza kumvuta hata ng'ombe.

Andika hadithi ya Mamba na jinsi anavyowinda.

24

Chakula

Mdomo wangu una meno makubwa na makali sana. Ninapomkamata mnyama, naweza kumkata vipande vipande.

Nyama ya viumbe wengi kama ng'ombe, mbuzi, binadamu, ni chakula changu.

Kuzaliana

Ninataga mayai. Wakati wa kutaga, mimi huja nchi kavu. Huyataga mayai kwenye mchanga na kuyafukia.

Nayaacha na kurudi kwenye maji. Joto la mchanga husaidia mayai kuanguliwa.

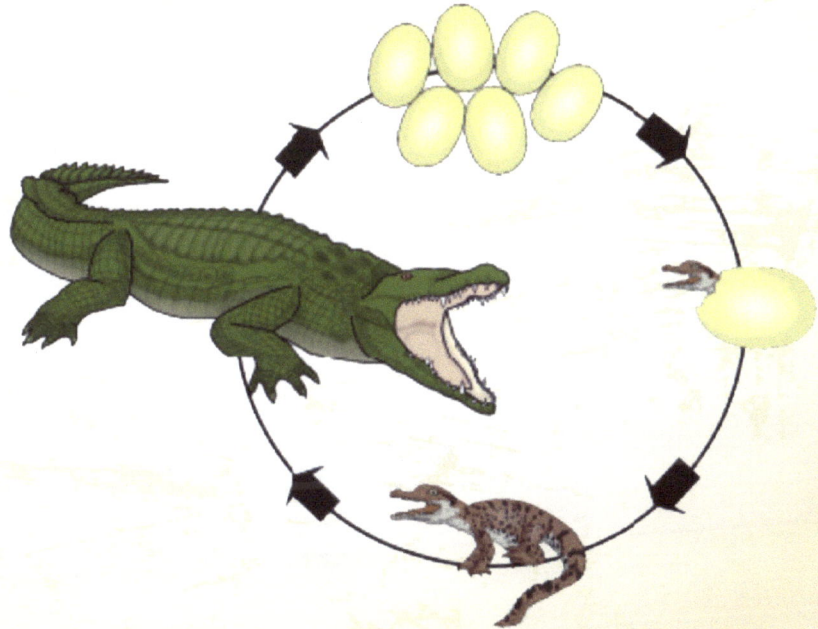

Kenge

Mimi naitwa kenge.
Nafanana na mjusi lakini umbo langu ni kubwa kuliko la mjusi. Natambaa ardhini. Nataga mayai ardhini. Huanguliwa kutokana na joto la ardhi.

Mjusi

Mimi ni mdogo, lakini wapo ndugu wengine wakubwa. Tupo wenye sumu na wale wasio na sumu. Katika mazingira tofauti, tupo aina kadhaa. Miguu yetu ina vidole vitano kila mmoja.

26

Chakula

Chakula changu ni mayai na wanyama wadogowadogo, mfano panya, kuku, sungura na wengineo. Mdomo wangu ni mpana, una meno makali. Yananisaidia kukamata mawindo, kukata na kurarua nyama.

Kuzaliana

Nataga mayai kama wafanyavyo kenge. Baada ya kutaga penye usalama, nayaacha mpaka hapo yatakapoanguliwa, kutokana na halijoto ya ardhi.

Chunguza aina mbalimbali za mijusi katika mazingira ya nyumbani uone wanavyowinda.

27

Nyoka

Tupo aina nyingi za nyoka. Tuko nyoka wenye sumu, wanaotema mate, wanaoua kwa kujiviringishia katika windo. Miili yetu ina magamba. Hatuna miguu kama reptilia wengine.

Tunajongea kwa msaada wa magamba ya upande wa chini wa miili yetu. Magamba hutusaidia kuongeza msuguano kati ya tumbo na ardhi na kutuwezesha kujimudu na kujongoea.

Chakula

Sisi tunakula wadudu na wanyama wadogo kama panya.

Kuzaliana

Sisi hutaga mayai. Nyoka wakubwa kama vile chatu nao hutaga.

Jotoridi la damu ya miili yetu hubadilikabadilika kufuatana na mazingira tulipo. Hii ni sifa ya reptilia wote.

Chunguza

- Kijijini kwako kuna aina ngapi za nyoka?
- Ulizia na uandike majina yao, hata kwa lugha ya kienyeji.

29

3 Amfibia

Amfibia ni wanyama wenye uti wa mgongo. Wako aina nyingi. Wapo spishi karibu 7,000, nyingi zikiwa ni chura. Aina kuu 3 za amfibia ni Chura, Nyuti na Salamanda.

Sifa:

- Wana damu baridi. Jotoridi la miili yao hubadilikabadilika kutokana na mazingira walimo.
- Wana ngozi yenye majimaji na ambayo huweza kusharabu maji na oksijeni.
- Wanataga mayai ndani ya maji na hurutubishwa nje ya mwili.
- Wana uti wa mgongo

Sisi Nyuti na Salamanda tunafanana sana. Sisi ni amfibia tunaotofautiana na wengine kama chura. Miili yetu ni myembamba na tuna mkia mrefu. Pia tuna miguu mine. Tofauti na chura, miguu yetu ya mbele hukua kwa haraka kuliko ya nyuma. Sisi hujilinda kwa kutoa harufu kali inayozuia tusiliwe na wanyama wengine. Mkia au mguu wetu ukikatika, huweza kuota tena.

Chura

Miguu yangu ya mbele na ya nyuma hailingani. Miguu ya nyuma ni mirefu zaidi.

Mwili wangu hutokwa na majimaji ambayo hunisaidia kumwasha adui pale anaponishika. Hali hii huifanya ngozi yangu kuwa na unyevunyevu kila mara. Kama hali ya hewa ni ya ukame sana, mimi hujificha katika udongo wenye unyevu.

Miguu yangu ya nyuma ina misuli mikubwa. Ninaporuka, miguu ya nyuma hunyooka, wakati nimetulia, miguu ya mbele huwa imekunjika. Kiwiliwili changu kimeungana na kichwa.

Chunguza
Mchunguze chura, kisha umchore akiwa hali tofautitofauti.

31

Kuzaliana

Nataga mayai kwenye maji yaliyotulia. Mayai huwa yameunganishwa kama mkufu mrefu kwa msaada wa uteute mweupe. Kazi ya ute ni kulilinda yai ili lisiharibiwe. Chura dume huyarutubisha mayai nje ya mwili wangu.

Baada ya kurutubishwa, mimi huyaacha kwenye maji. Mayai huanguliwa hatua kwa hatua hadi kuwa chura kamili.

Amfibia wote hutaga mayai. Halijoto ya miili yetu hubadilika kufuatana na mazingira.

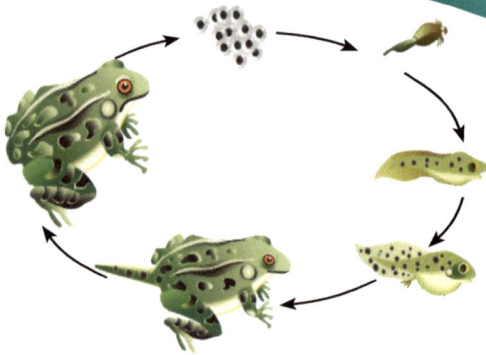

Chakula

Vyakula tunavyokula ni kama wadudu wadogowadogo.

Chunguza

- Ili upate kujifunza hatua za ukuaji wa chura, tafuta mayai ya chura kwenye dimbwi la maji, na uyaweke mayai na maji kwenye chupa yenye mdomo mpana.

- Weka majani laini ya mtoni. Chunguza mabadiliko ya ukuaji wa chura hatua kwa hatua.

- Je, hatua zote za ukuaji wa chura zimetokea? Zichore kuanzia yai hadi chura kamili.

Je Wajua?

Kundi la Amfibia lilitokana na samaki miaka milioni nyingi iliyopita. Wakati huo, sehemu kubwa ya dunia ilikuwa ni maji. Baadaye maji yalipoanza kupungua, sisi tukaanza kubadilika polepole. Ndiyo sababu tunaweza kuishi majini na nchi kavu.

4 Samaki

Sifa:

- Wana damu baridi.
- Wana matamvua ambayo husaidia kusharabu oksijeni.
- Miili yao imefunikwa na magamba. Baadhi ya samaki hawana magamba.
- Hutumia mapezi kupata msawazo kwenye maji

Sisi ni kundi la wanyama wenye uti wa mgongo. Tupo samaki wa aina mbalimbali, kama vile, dagaa, kambare, papa na perege.

Baadhi ya samaki kama papa, perege, mkizi, dagaa. Hupatikana katika maji chumvi baharini. Maji ya mtoni na kwenye mabwawa huitwa maji baridi. Samaki kama kambale hupatikana kwenye maji baridi.

Miili ya baadhi yetu imefunikwa na magamba. Sisi huvuta hewa iliyomo kwenye maji kwa matamvua. Hatutumii pua. Mapezi hutusaidia kuogelea, kuchapusha mwendo, kuelea na kuzama.

Mstari wa neva ulio ubavuni ni muhimu kwetu. Hutuwezesha kuhisi mitetemo katika maji. Hivyo, tunaweza kujiokoa na adui.

Chakula

Vyakula tunavyokula vinapatikana katika mazingira tunayoishi.

Kuzaliana

Sisi tunataga mayai. Kuwepo kwa matumbwawe, miamba na mawe katika maji hutasaidia kujihifadhi humo na kujificha. Ni sehemu muhimu za kutagia mayai.

Baruti, sumu, na makokoro hudhuru sana kizazi chetu na sehemu za kuzalia.

5 Ndege

Sifa:

- Ndege wana damu ya joto
- Miili yao imefunikwa na manyoya
- Wana midomo iliyochongoka na ambayo haina meno
- Wanataga mayai
- Wana moyo wenye chemba 4
- Wana mfumo wa mifupa myepesi sana
- Wanaruka, isipokuwa wachache kama Penguin ambao hawaruki. Wengine wanaweza kuogelea.
- Wana mfumo wa umeng'enyaji na wa kupumua.
- Ndege wengi ni rafiki wa binadamu.

Sisi ni kundi la wanyama wenye uti wa mgongo ambao tumeishi kwa muda mrefu sana hapa duniani. Inasemekana tulitokea baada ya Dinosaria. Sisi tunaishi kila mahali duniani.

Mwewe, bata, kuku, bundi, hondohondo, kunguru, njiwa na mbuni ni baadhi ya kundi kubwa la ndege.

Sisi ni kundi lililo tofauti na mamalia, reptilia, amfibia na samaki. Huruka angani. Umbile la miili yetu limechongoka ili kutuwezesha kupenya hewa.

Miili yetu wote imefunikwa kwa manyoya. Manyoya yetu yamepangwa makubwa na madogo ili kuufanya mwili wetu uwe na joto. Maji hayawezi kupenya manyoya na hivyo kuathiri mwili wetu. Halijoto ya miili yetu haibadilikibadiliki.

Ndege wala nyama

Sisi Mwewe, Bundi na Kunguru ni baadhi ya ndege tunaokula nyama.

Midomo yetu ina fupa gumu lenye ncha kali. Midomo yetu imepinda nchani.

Macho yetu yana uwezo wa kuona mbali. Hutuwezesha kuona mawindo yetu.

Miguu yetu ina nguvu. Kucha zetu ni kali. Husaidia katika kuwindia chakula kwa kunyakua wanyama wadogowadogo.

Chunguza

Chagua ndege mmoja anayewinda halafu uandike shairi la jinzi anavyowinda.

Ndege wala nafaka

Sisi akina Kuku, Njiwa na Kasuku ni baadhi ya ndege wanaokula wadudu na nafaka. Midomo yetu hudonoa mbegu na wadudu katika ardhi.

Tunataga mayai kuongeza kizazi. Huatamia mayai kwa muda wa siku ishirini na moja hadi kuanguliwa vifaranga. Joto la mwili wetu ni muhimu kwa kuangua mayai.
Sisi Kunguru, Mwewe, Kuku na Bata ni wakubwa wa umbo. Ndege wengine ni wadogo.

Mimi Bata ninapendelea kula chakula kutoka kwenye matope. Miguu yangu imeumbwa maalumu kwa kuogelea. Vidole ya miguu yangu vimeunganishwa na kiwambo cha ngozi.

Chunguza
· Mayai ya Kuku au Bata nyumbani kwenu huchukua siku ngapi kuanguliwa?

Ndege wala asali

Sisi ndege kama Chole na wengineo hula asali katika maua. Midomo yetu ni tofauti na wale wanaokula nyama, nafaka, wadudu au matunda.

Midomo yetu imechongoka na ni mirefu. Hutuwezesha kufyonza asali au mbochi kutoka kwenye maua.

Kuzaliana

Sisi hujenga viota. Sisi wengine huishi katika matundu ya miti na mashimo. Uwezo wetu wa kujenga viota ni silika yetu ya kimaumbile. Uwezo huu unaonekana na binadamu kuwa wa ajabu.

Viota hutofautiana kati ya jamii moja na nyingine. Miundo ya viota vyetu hutofautiana. Sisi hujenga viota kwa kutumia majani, vipande vya miti, udongo, au manyoya kulingana na mazingira. Sisi hutaga mayai kuongeza kizazi.

Chunguza
Fuatilia ndege anayejenga kiota uone anachukua muda gani kufanya hivyo.

39

www.ingramcontent.com/pod-product-compliance
Lightning Source LLC
Chambersburg PA
CBHW052055190326

41519CB00002BA/230